CATALOGUE

MÉTHODIQUE ET CLASSIQUE

De tous les Arbres, Arbustes fruitiers et des Vignes formant la Collection de l'École impériale établie près le Luxembourg.

CATALOGUE
MÉTHODIQUE ET CLASSIQUE
DE
TOUS LES ARBRES, ARBUSTES FRUITIERS ET DES VIGNES

FORMANT LA COLLECTION DE L'ÉCOLE IMPÉRIALE ÉTABLIE PRÈS LE LUXEMBOURG;

Pour l'Instruction des Élèves qui suivent le Cours de cette École;

PUBLIÉ

PAR ORDRE DE S. EXC. LE MINISTRE DE L'INTÉRIEUR, COMTE DE L'EMPIRE;

PAR MICHEL-CHRISTOPHE HERVY,

Professeur de cette École, Directeur de la Pépinière impériale du Luxembourg.

A PARIS,
DE L'IMPRIMERIE IMPÉRIALE.

1809.

Chuzeau
de St [illegible]

INTRODUCTION.

La pépinière impériale du Luxembourg offre la réunion la plus complète de tous les bons arbres et arbustes fruitiers qui ont pu s'acclimater sous la latitude de Paris.

Cette précieuse collection de fruits si variés, si perfectionnés, si multipliés pour les besoins du pauvre, pour les jouissances du riche, est le résultat de plus d'un siècle et demi de recherches, de travaux et de soins.

Il ne fallait rien moins qu'un corps aussi riche (et qui avait une correspondance aussi étendue) que l'était celui des Chartreux, pour faire rechercher, non-seulement en France, mais chez l'étranger, ce qu'il y avait de meilleurs fruits, pour donner à un établissement le dernier degré de perfection où cette pépinière était parvenue à l'époque de leur destruction.

Elle était la source abondante où venaient se pourvoir non-seulement la France, mais même le midi et le nord de l'Europe, quelquefois les autres parties du monde. J'en ai vu transporter des arbres en Russie, en Prusse, en Asie et en Amérique.

Très-souvent les arbres étaient retenus d'avance. Il n'est pas d'année qu'on n'éprouvât le regret de ne pouvoir satisfaire aux demandes qui se multipliaient de toute part. L'enclos des Chartreux renfermait encore alors quatre-vingts arpens. La vente des arbres se portait annuellement de vingt à vingt-cinq mille francs; et je ne doute pas que ce produit n'eût doublé, si la partie de l'enclos disponible en pépinière eût été assez considérable.

Je me ferai toujours une jouissance bien attendrissante de penser que c'est à feu mon père, à son émulation et à ses travaux pendant plus de quarante-cinq ans, qu'elle dut, en très-grande partie, cet éclat et cette réputation dont le frère *Alexis*, et après lui le frère *Philippe*, avaient jeté les fondemens.

On lui a rendu constamment la justice de dire que non-seulement il l'a enrichie de plusieurs fruits remarquables, mais qu'il a perfectionné la qualité et le volume de plusieurs autres; qu'il a prévenu la dégénération de quelques-uns. Je me contente de citer la *cerise de Montmorency*, si généralement méconnaissable dans quelques endroits et dans le commerce, et qui, dans ses mains, avait acquis un goût et une grosseur qui l'ont toujours distinguée lorsqu'elle sortait de la pépinière des Chartreux.

L'anéantissement des couvens, et les orages révolutionnaires, allaient nous ravir cette collection unique; j'eus le bonheur de seconder la vive sollicitude de mon père, pour en conserver soigneusement les types, et de fixer, quelque temps après, les regards d'un ministre qui a tant fait pour la gloire, la prospérité des sciences et des arts, par ses talens, par ses lumières, et par la protection éclairée qu'il n'a cessé de leur accorder.

Le comte de l'Empire, M. le sénateur *Chaptal*, ordonna l'établissement d'une pépinière nationale d'arbres fruitiers; et comme s'il avait voulu que celle des Chartreux n'eût jamais cessé d'exister, il la plaça sous la terrasse du Luxembourg, l'un des plus beaux jardins du monde entier. Il ne négligea aucun des moyens qui devaient en garantir le succès; il daigna me charger de l'exécution de ses vues utiles, me confia la direction de cette pépinière, voulut bien encourager mon zèle et mes efforts, juger par lui-même de leurs résultats, les honorer de son approbation, et me rassurer sur les alarmes qu'avait inspirées cet établissement.

Il était son ouvrage; il ne négligea rien pour en augmenter les richesses, y réunir tout ce qu'il y avait d'utile et de précieux, et sur-tout une collection complète de toutes les variétés de vignes qui couvrent une si grande partie du territoire français.

Il donna la plus grande activité à l'émulation pour créer des pépinières départementales et particulières; fit distribuer, aux frais du Gouvernement, les instructions utiles qui avaient pour objet la formation et l'éducation des arbres. L'heureuse impulsion qu'il a donnée a couvert notre sol de plusieurs millions d'arbres, et un très-grand nombre de propriétaires lui doivent l'inappréciable jouissance d'améliorer leurs biens par d'utiles plantations. La distribution qu'il fit faire d'un grand nombre d'arbres fruitiers de cette pépinière, a fourni l'occasion de substituer des fruits perfectionnés à des productions abâtardies.

Sous son ministère, et par son ordre, cette pépinière fut ouverte aux amateurs qui voulaient la visiter, aux personnes qui desiraient acquérir des connaissances pratiques. On en a vu demander à travailler avec les ouvriers instruits, ou qui pouvaient les guider. Des préfets même de département y ont envoyé des élèves pour acquérir quelques connaissances dans l'art d'élever et de former des arbres. Mais ce genre d'instruction particulière était bien loin d'atteindre le but utile que s'est proposé M. le comte *de Champmol*, ministre de l'intérieur. Partageant l'intérêt que ses prédécesseurs n'ont cessé de prendre à cet établissement national, il a voulu en faire un objet d'instruction publique ; il a formé une école, où, dans un cours régulier, et à des époques et des heures déterminées, on donnât des leçons pratiques pour tout ce qui concerne les arbres fruitiers, à commencer par le développement de leur germe, leur éducation, jusqu'à l'époque de leur fécondité, de leur formation et de leur culture, sous les différentes formes dont ils sont susceptibles. Son Excellence a elle-même dirigé la marche de l'enseignement, et arrêté le programme de tous les objets d'instruction pratique qui seraient successivement traités, de l'ordre à observer, et de la méthode à suivre à cet égard.

Pour atteindre ce but avec plus de succès, dans un terrain absolument séparé de la pépinière par l'allée qui conduit du jardin du Luxembourg aux nouveaux boulevarts, son Excellence a ordonné qu'on formât une école de la contenance d'environ deux hectares et demi [cinq arpens], où se trouveraient réunies, dans un ordre classique, toutes les espèces et les variétés de chaque fruit.

Afin de mettre les élèves et les amateurs à portée de distinguer les arbres qui les produisent, son Excellence a ordonné qu'il fût fait un plan topographique du terrain, de manière qu'à l'aide de ce catalogue, on pût distinguer facilement les espèces et variétés qu'on a intérêt de chercher.

Le terrain représente un triangle scalène, ou dont les trois côtés sont inégaux.

Il est entouré de murs, au pied desquels on formera des espaliers de différentes espèces et variétés, qui auront chacune leur numéro.

Dès l'entrée vers le nord, jusqu'à l'extrémité du triangle, le terrain est divisé en allées parallèles, dont chaque plate-bande, désignée par une lettre alphabétique, sera plantée des différentes variétés de chaque espèce, indiquées par un numéro. Ainsi je suppose qu'on veuille étudier les caractères distinctifs d'un pommier quelconque, d'un poirier, d'un pêcher, &c., on cherchera dans le catalogue le nom de ce fruit, auquel est affectée la lettre de la section, et le chiffre de son numéro, et l'on sera sûr de le trouver. Par exemple, le Saint-Germain est à l'article des poiriers, Section AE, n.° 104.

On voit, par ce seul exemple, quelle facilité on aura pour étudier les nuances, souvent si fugitives, qui distinguent les arbres par leurs bourgeons, leurs boutons, leurs feuilles, leurs fleurs, leur fruit, leur port, &c.

On s'est attaché à réunir dans cette école les principaux et les meilleurs fruits à boisson, tels que le pommier, le poirier, même le cormier.

Ce catalogue portera, à la fin de chaque espèce, des numéros, sans désignation d'arbres. On a jugé nécessaire de mettre cette lacune dans le catalogue, et de laisser ce vide sur le terrain, pour avoir la facilité d'ajouter les nouvelles variétés qui pourraient survenir.

A l'extrémité du terrain, et vers le sommet du triangle, il a été planté différens *arbres d'expérience*, soit pour leur donner les différentes formes dont ils sont susceptibles, soit pour faire des expériences comparatives, relativement à la direction de leurs branches, à leur taille, aux différentes greffes, &c. &c., soit enfin pour faciliter la pratique des élèves qui suivront ce cours, et sur lesquels ils opéreront lorsqu'on le jugera à propos.

Son Excellence le ministre de l'intérieur m'ayant fait l'honneur de me nommer professeur de cette école pour donner des leçons pratiques conformément au programme qu'elle a arrêté, je me ferai un devoir bien cher de répondre, de tous mes moyens, à ses vues et à la confiance flatteuse dont elle a daigné m'honorer; heureux si le succès de mes efforts peut répondre au zèle qui les inspirera!

HERVY.

Paris ;

Paris, le 13 Mai 1809.

LE MINISTRE DE L'INTÉRIEUR, Comte de l'Empire, ARRÊTE :

ART. 1.er Il sera établi à la pépinière impériale du Luxembourg, un cours pratique et gratuit pour la culture des arbres.

2. L'enseignement embrassera la préparation des terrains, les semis, les plantations, l'art de lever les boutures et les marcottes, la taille, les différentes sortes de greffes, la conservation des arbres, le palissage et toutes les parties de cette branche de jardinage.

3. L'enseignement sera fait par le directeur de la pépinière impériale du Luxembourg.

4. Les élèves qui desireront obtenir des certificats de capacité, devront être inscrits avant le 1.er janvier de chaque année.

5. Le cours commencera, chaque année, au 15 janvier, et se terminera au 15 octobre.

Il aura lieu les mardi, jeudi et samedi de chaque semaine, depuis huit heures du matin jusqu'à onze, pendant les quatre premiers mois; et de sept à dix les cinq autres.

6. Le cours sera divisé en trois parties, chacune de la durée de deux mois.

La première aura pour objet la préparation des terrains, les plantations, la taille, les greffes en fente et en couronne.

La seconde, qui commencera le 15 mai, aura pour objet l'ébourgeonnement, le palissage, la conservation des arbres, l'étude de la floraison et du développement de ces différentes branches.

La troisième, qui commencera le 15 août, aura pour objet

les greffes à écusson, les semis, les boutures, les marcottes et l'étude de la fructification.

7. Le programme du cours sera préalablement approuvé par nous, et imprimé à l'usage des élèves.

8. Le certificat de capacité sera accordé aux élèves, d'après un examen qui sera subi par-devant l'inspecteur et le directeur de la pépinière réunis, et d'après le rapport qu'ils nous en auront fait.

9. Les quatre élèves qui, dans chaque partie du cours, auraient montré le plus de capacité, rempliront les fonctions de répétiteurs. Ils pourront assister le directeur dans ses travaux.

10. Il pourra être accordé des prix d'encouragement, sur le rapport de l'inspecteur et du directeur, aux élèves qui se seront particulièrement distingués.

11. Les élèves devront avoir au moins dix-huit ans accomplis, et avoir satisfait, s'il y a lieu, aux lois sur la conscription.

12. Le cours pourra être suivi par les amateurs qui en auront témoigné le desir, pourvu toutefois qu'ils se conforment aux heures des leçons, et qu'ainsi l'enseignement ne soit point interrompu.

13. Le cours pourra commencer extraordinairement cette année le 22 du présent mois.

14. Le présent arrêté sera adressé aux préfets des départemens, à l'inspecteur et au directeur de la pépinière, respectivement chargés de son exécution.

Signé CRÉTET.

Pour ampliation:

Le Maître des requêtes, Secrétaire générale du Ministère,

J. M. DÉGÉRANDO.

PROGRAMME

Du Cours pratique de la Culture des Arbres fruitiers dans la Pépinière impériale du Luxembourg.

CONFORMÉMENT à l'arrêté de S. Ex. le ministre de l'intérieur, du 13 mai 1809, il sera établi, à la pépinière impériale du Luxembourg, un *cours pratique et gratuit pour la culture des arbres.*

Ce cours commencera, chaque année, au 15 janvier, et se terminera au 15 octobre.

Les leçons auront lieu les jours et heures fixés par ledit arrêté.

Les premières auront pour objet les connaissances pratiques des différentes terres, de leur mélange, de leur culture, de leur défoncement, de leur amendement, de la nature des engrais qui leur sont propres, et des instrumens les plus utiles pour ces différens objets.

L'application de ces principes aura lieu par différens labours, par les défoncemens nécessaires pour la prospérité des plantations qu'on fera.

Elle sera suivie de leçons sur la déplantation des arbres, sur les précautions à prendre pour la conservation des racines, pour leur préparation, celle des bourgeons ou des branches, suivant les formes à donner aux arbres, sur la manière la plus favorable de les planter, &c. &c.

On enseignera la manière de faire stratifier les amandes, les noyaux de prunes, d'abricots, de pêches, cerises, merises, Sainte-Lucie et autres noyaux qui germent dans la même année. On se contentera de désigner les espèces qu'il est nécessaire de laisser pendant quinze mois ou plus, pour obtenir leur germination.

Les leçons suivantes rouleront sur les graines, sur leur nature, sur leurs qualités, sur la disposition qu'elles ont à être plus ou moins précoces, sur les moyens d'en accélérer la germination, sur la manière de faire les semis à la volée ou en rayon, sur les différentes profondeurs où elles doivent être placées dans la terre, &c. &c.

On s'occupera ensuite de l'art d'émonder les arbres, de les préparer pour la taille, et de la taille elle-même, appliquée aux différentes espèces de fruits, et relativement aux différentes formes sous lesquelles on élève les arbres, soit en espalier, en pyramide, en plein vent, &c. &c.

Cette opération mettra les élèves et les amateurs à portée de commencer à se familiariser avec la connaissance des arbres fruitiers et de leurs variétés, à l'inspection de leur écorce, de leurs bourgeons, de leurs boutons plus ou moins renflés ou aplatis, plus ou moins obtus ou aigus, &c.

A cette époque, on reprendra celle des plantations que les circonstances de la saison, ou toute autre considération, auraient forcé d'ajourner.

Le rébotage des arbres qui auront été écussonnés l'année

précédente, sera l'objet d'une leçon intéressante, et fournira aux amateurs, ainsi que la taille, l'occasion de s'exercer à tenir et à manier la serpette, de manière à ne blesser ni l'arbre ni eux-mêmes. Ce genre d'adresse n'est pas aussi aisé qu'on le pense communément, même parmi les jardiniers.

Lorsque la taille et le palissage des branches, suivant la direction la plus utile et la plus fructueuse, seront faits, on s'occupera des labours nécessaires pour la prospérité des arbres, des soins qu'exigent les jeunes bourgeons qui poussent de la greffe de l'année précédente, de la soustraction des bourgeons sauvageons qui croissent ensemble du sujet, et de ceux qu'il peut être encore nécessaire de laisser, &c.

L'époque du mouvement de la sève peut seule indiquer celle où l'on peut faire les différentes greffes, par incision, en fente, par approche, par entaille, et enfin de toutes les manières dont cette opération peut avoir lieu.

Il en sera de même de l'écussonnage à œil poussant, que l'action de la sève peut seule déterminer.

C'est à cette époque qu'on exposera les principes *purement pratiques* sur les analogies de sève, de temps, &c., qui doivent se trouver entre les sujets qu'on greffe et ceux sur lesquels on greffe. Ces leçons seront suivies de la manière de couvrir et de fixer ces greffes, pour les soustraire à l'humidité et autres accidens, &c.

On indiquera la manière de faire des boutures des *essences* qu'on obtient facilement de cette manière.

Les bourgeons des greffes, des boutures et autres, sont exposés aux ravages de quelques scarabées et autres insectes qui leur sont très-funestes. On les indiquera, et l'on s'occupera des moyens de s'en délivrer.

Dans le mois d'avril, on continuera à démontrer la manière de faire des boutures et des marcottes de diverses espèces d'arbres, et celle de placer avec avantage les tuteurs aux jeunes arbres.

Dans le commencement de ce mois, on doit mettre en place en pépinière les amandes et autres noyaux stratifiés.

On aura l'occasion de faire encore connaître une espèce de scarabée qui détruit et ronge les jeunes pousses des arbres, et particulièrement celles de l'abricotier, du prunier et du poirier.

L'époque de la floraison fournira l'occasion de faire des *leçons pratiques* relatives à la connaissance des différentes variétés des arbres, à leur fructification, &c.

Dans le mois de mai, on s'occupera de l'ébourgeonnement des arbres, tant en pépinière qu'en espalier et en plein vent, afin qu'ils puissent acquérir une belle direction.

Les travaux de juin seront les mêmes que ceux du mois précédent; on commencera cependant le palissage des arbres. Des tuteurs seront mis aux jeunes greffes de poiriers, pruniers, abricotiers, et généralement à tous les arbres qui auront été écussonnés pendant l'été précédent.

Dans le mois de juillet, on continuera le palissage des arbres, et l'on commencera à écussonner. Au reste, l'époque de cette opération est subordonnée aux variations de la saison, qui avancent ou retardent le mouvement de la sève. Nous répéterons, à cette époque, l'instruction que nous aurons donnée sur l'analogie et la coïncidence des sèves.

On ébourgeonnera de nouveau les arbres sur lesquels il sera nécessaire de répéter cette opération. Il est rare qu'elle soit renouvelée une troisième fois, à moins que ce ne soit dans quelques étés, ou terrains humides, où l'on est obligé de supprimer tous les bourgeons inutiles qui auraient pu survenir.

Les travaux du mois d'août consisteront dans la continuation de l'écussonnage, et plus en grand que dans le mois précédent. Comme, dans ce mois, les jeunes pousses sont bien développées, et qu'elles commencent à s'aoûter, on fera connaître les signes et caractères auxquels on peut distinguer les différentes espèces ou variétés, à l'inspection de l'arbre, de ses feuilles, de ses fruits, de leur maturité, tant dans ce mois que dans le précédent.

En septembre, il ne reste plus à écussonner que les jeunes amandiers. Cette opération se fait *ordinairement* du 1.er au 10 de ce mois. Les renseignemens sur la connaissance des arbres et des fruits seront continués, ainsi que dans le mois suivant.

Enfin, dans le mois d'octobre, lorsque les arbres seront dépouillés de leur fruit, on verra les soins qu'ils exigent pour être en état d'être vendus dans le courant de l'automne et de l'hiver suivant, et la manière de gouverner ceux qui auront la disposition à former des arbres-tiges.

Les bornes de ce programme ne m'ont permis d'entrer dans aucun détail sur bien des objets qui feront la matière des leçons que je donnerai dans cette *école pratique.* On doit être persuadé que je ne manquerai pas de rapporter toutes les expériences, tant anciennes que nouvelles, et toutes les instructions qui nous ont été transmises par nos bons auteurs, dont les succès ont garanti l'utilité de leurs leçons, et d'exposer, lorsqu'il sera nécessaire, les principes physiques qui ont servi de base à leur pratique, ou qu'elle a fait connaître.

Le Directeur de la Pépinière impériale du Luxembourg,

HERVY.

CATALOGUE

CATALOGUE

MÉTHODIQUE ET CLASSIQUE

De tous les Arbres, Arbustes fruitiers et des Vignes formant la Collection de l'École impériale établie près le Luxembourg.

SECTIONS.

FIGUIERS.

A. 1. Grosse blanche ronde, ou figue fleur blanche.
2. Figue fleur rouge, fruit blanc.
3. Blanche de Marseille.
4. La Marseillaise, jaune doré.
5. La Bousjassote, rouge violet.
6. La Barnissote.
7. Petite violette.
8. Grosse violette.
9. L'Angélique, jaune, chair rouge foncé.
10. La Rougeotte, rouge lavé de jaune, chair blanche et rougeâtre.
11.
12.

MÛRIERS.

B. 1. Blanc.
2. Noir.
3. Rose.
4.
5.

SECTIONS. 6.
B.
7.
8.
9.
10.

RONCES.

1. Des haies.
2. Bleuâtre.
3. Grimpante.
4. Des Alpes.

FRAMBOISIERS.

1. Commun, fruit rouge.
2. ——— autre fruit rouge.
3. Ordinaire, fruit blanc.
4. ——— couleur de chair.
5. De Malte, ou de deux saisons.
6. De Canada.
7. De Virginie.
8. Odorante.

ROSIERS.

1. Églantier.
2. Pommifère.

ARBOUSIERS.

1. De Provence.
2. D'Irlande.

GROSEILLIERS.

C. 1. A grappes, fruit rouge.
2. ——— gros fruit rouge.

SECTIONS
C.

3. A grappes, fruit blanc.
4. ———— couleur de chair.
5. ———— panaché.
6. ———— perlé.
7. ———— cassis, fruit noir.
8. ———— d'Amérique.
9. ———— fruit noir et feuilles maculées.
10. Épineux, gros fruit rouge hérissé.
11. ———— gros fruit verdâtre, feuilles luisantes.
12. ———— fruit blanc moyen, feuilles luisantes.
13. ———— fruit moyen verdâtre, feuilles velues.
14. ———— fruit moyen rouge, feuilles velues.
15. ———— fruit moyen blanchâtre, feuilles velues.
16. ———— fruit moyen violet, hérissé de courtes pointes roides, feuilles luisantes.
17. ———— fruit gros, jaunâtre, à pointes rares, feuilles velues et luisantes.
18. ———— gros fruit oblong blanchâtre.
19. ———— gros fruit oblong blanchâtre, hérissé de pointes roides, feuilles luisantes.
20. ———— sauvage, à petit fruit.
21.
22.
23.
24.

VINETIERS.

D.

1. A gros fruit rouge.
2. A fruit blanc.
3. A fruit violet.
4. Sans noyau.

SECTIONS.

D.

5. A larges feuilles.
6. De la Chine.
7. De Crète.
8.

ANONES.

1.

PLAQUEMINIERS.

1. Caquier.
2. D'Italie.
3. De Virginie.

CORNOUILLERS.

E.

1. Mâle, à petit fruit rouge.
2. ——— à gros fruit rouge.
3. ——— à fruit jaune.
4.

AMANDIERS.

F.

1. Commun, à gros fruit doux.
2. ——— à petit fruit doux.
3. Des dames, à coque tendre.
4. A gros fruit, amande amère, coque dure.
5. A petit fruit, amande amère, coque dure.
6. A coque tendre, fruit amer.
7. Sultane, petit fruit à coque tendre.
8. Pistache.
9. Amandier-pêche.
10. D'Italie, à coque tendre.
11. A larges feuilles, très-gros fruit doux, coque dure.
12. A feuilles de saule, fruit doux, coque dure.
13. A très-grandes fleurs, fruit doux, coque dure.
14. Nain.

SECTIONS. F. 15. Du levant, à feuilles satinées.
16. A feuilles panachées.

ABRICOTIERS.

G. 1. Franc.
2. Hâtif musqué.
3. Blanc.
4. Commun.
5. Maculé, variété de l'abricotier commun.
6. Angoumois, ou abricot violet.
7. De Provence.
8. De Hollande.
9. De Portugal.
10. Pêche, ou de Nancy.
11. Albergier.
12. Albergier de Mongamet.
13. D'Alexandrie.
14. Noir, ou du Pape.
15. De Noor.
16.
17.

PÊCHERS.

1. Franc.
2. Nain.

CERISIERS.

H. 1. Merisier à fruit rouge.
2. ——— à gros fruit noir.
3. ——— à petit fruit noir.
4.
5. Guignier, rouge hâtive.

SECTIONS.		
H.	6.	Guignier, noire hâtive.
	7.	——— à fruit noir.
	8.	——— à gros fruit noir luisant.
	9.	——— à gros fruit blanc.
	10.	——— à petit fruit blanc.
	11.	——— de Russie, à fruit blanc.
	12.	——— de fer.
	13.	——— à feuilles de tabac.
	14.	——— noire tardive.
	15.	
I.	16.	Bigarreautier commun, ou belle de Rocmont.
	17.	——— à petit fruit blanc.
	18.	——— à gros fruit blanc.
	19.	——— Princesse ambrée.
	20.	——— à petit fruit rouge hâtif.
	21.	——— à gros fruit rouge tardif.
	22.	——— de Hollande.
	23.	——— Cœuret, ou Cœur de poule.
	24.	
	25.	
K.	26.	Cerisier franc.
	27.	——— hâtif, ou précoce.
	28.	——— commun, ou Montmorency, longue queue.
	29.	——— Montmorency, courte queue, gros gobet.
	30.	——— à fleurs sémi-doubles.
	31.	——— d'Ostheim.
	32.	——— de Hollande.
	33.	——— royale hâtive, ou May-Duke.
	34.	——— royale tardive, ou Chery-Duke.
	35.	——— de Provence, ou Guindoux.
	36.	——— à petit fruit blanc.

SECTIONS.

K.

37. Cerisier à gros fruit blanc.
38. ——— muscat de Prague.
39. ——— d'Espagne.
40. ——— Belle de Choisy.
41. ——— de Varennes.
42. ——— courte queue de Provence.
43. ——— Guigne.
44.
45.
46. ——— à feuilles de pêcher.
47. ——— de la Toussaint.
48.
49.
50.
51.
52. Griottier commun.
53. ——— à ratafiat.
54. ——— de Portugal.
55. ——— de Chaux, ou d'Allemagne.
56.
57. ——— d'Amérique.

PRUNIERS.

L.

1. Franc.
2. Jaune hâtive, ou de Catalogne.
3. Noire hâtive, ou de la Saint-Jean.
4. Précoce, de Tours.
5. Monsieur, hâtif.
6. ——— ordinaire.
7. Royale, de Tours.
8. ——— ordinaire.

SECTIONS.

L. 9. Damas, de Tours.
10. ——— noir hâtif, ou de Saint-Cyr.
11. ——— violet.
12. ——— blanc très-hâtif.
13. ——— rouge.
14. ——— gros blanc hâtif.
15. ——— Dronet.
16. ——— d'Italie.
17. ——— de Maugeron.
18. ——— d'Espagne.
19. ——— musqué, ou de Chypre.
M. 20. ——— noir tardif.
21. ——— de septembre, de vacance ou de retenue.
22. Perdrigon hâtif.
23. ——— blanc.
24. ——— rouge.
25. ——— violet, ou de Brignolles.
26. ——— Normand.
27. Mirabelle.
28. ——— drap-d'or.
29. Reine-Claude, Abricot vert, ou Verte-bonne.
30. ——— petite, ou Dauphine.
31. ——— violette.
32. ——— à fleurs sémi-doubles.
33. Impériale violette.
34. ——— violette, à feuilles panachées.
35. ——— blanche.
36. Abricotée blanche.
37. ——— rouge.
38. Jérusalem (Prune de), Œil de bœuf, ou de Bordeaux.
N. 39. Prune-pêche.

SECTIONS. 40. Virginale à fruit blanc.
N.
41. ——— à fruit rouge.
42. Diaprée violette.
43. ——— rouge, ou Roche-Corbon.
44. Bonne deux fois l'an.
45. Cerise (Prune-cerise), ou Mirabolan.
46. Canada (Prune de).
47. Datte (Prune).
48. Dame - Aubert blanche.
49. ——— violette.
50. ——— rouge.
51. Impératrice blanche.
52. ——— violette.
53. Bricette.
54. Sainte-Catherine.
55. Jacinthe.
56. Ile-verte.
57. Suisse (Prune).
O. 58. Saint-Martin (Prune).
59. Belle de Riom.
60. Briançon (Prune de).
61. Moyeu de Bourgogne.
62. Saint-Maurin (Prune de).
63. Quetschen.
64. Virginie (Prune de).
65. Agen (Prune d').
66. Amérique (Prune d') noire.
67. ——— rouge.
68. Sans noyau (Prune).
69.
70.

SECTIONS.	
O.	71.
	72.
	73.
	74.
	75.
	76.
P.	77.
	78.
	79.
	80.
	81.
	82.
	83.
	84.
	85.
	86.
	87.
	88.
	89.
	90.
	91.
	92.
	93.
	94.
	95.

POMMIERS.

Q. 1. Franc.
2. Passe - pomme rouge.
3. ——————— d'automne, Pomme générale ou d'outre-passe.

SECTIONS. Q.

4. Calville blanc d'été.
5. ——— rouge d'été, ou Pomme Madeleine.
6. ——— blanc d'hiver.
7. ——— rouge d'hiver.
8. ——— Normand, ou Malingre d'Angleterre.
9. Rambour franc d'été, Rambour rayé, ou Pomme de Notre-Dame.
10. ——— d'hiver.
11. Fenouillet jaune.
12. ——— rouge, ou Bardin.
13. ——— gris, ou Anis.
14. Figue (Pomme) sans pépin.
15. Cousinette.
16. Drap-d'or.
17. Gros doux à trochet.
18. Pigeon, ou Pigeonnet.
19. Jérusalem (Pomme de).

R.

20. Cœur de bœuf.
21. Violette (Pomme), ou de quatre goûts.
22. Postophe d'été.
23. ——— d'hiver.
24. Reinette jaune hâtive.
25. ——— rousse, ou des Carmes.
26. ——— rouge.
27. ——— d'Angleterre, ou Gold-Pippin.
28. ——— de Canada.
29. ——— de Canada grise.
30. ——— dorée.
31. ——— de Bretagne.
32. ——— franche.
33. ——— grise.

SECTIONS.

R. 34. Reinette grise de Champagne.
35. ——— naine.
36. ——— princesse noble.
37. ——— nompareille d'Angleterre.
38. Jardi (Pomme de).
S. 39. Royale d'Angleterre.
40. Glace rouge (Pomme de).
41. ——— blanche (Pomme de).
42. Astracan (Pomme d'), ou transparente de Moscovie.
43. Faros (petit).
44. ——— (gros).
45. Belle Hervy.
46. Court-pendu rouge musqué, ou Pomme de Belin.
47. ——— gris.
48. Seigneur d'Orsay.
49. Francatu.
50. Poire (Pomme).
51. Passe-rose plate.
52. Api (Petit), ou Pomme rose.
53. — noir.
54. — gros.
55. Étoilée (Pomme).
56. Nottingham (Pomme de).
57. Haute bonté (Pomme de).
T. 58. Saint-Julien (Pomme de).
59. Châtaignier.
60. Concombre des Chartreux.
61. ——— ancienne.
62. Amérique (Pomme d'), ou Pomme noire.
63. Éclat (Pomme d').
64. Choffard (Pomme de).

SECTIONS.

T. 65. Massavis (Pomme de), ou Pomme d'Italie.
66. Lande (Pomme de), ou Fleur de prairial.
67. Belle fille (Pomme de).
68. Rateau (Pomme de), ou gros Bondy.
69. Saint-Germain (Pomme de).
70. Charlemagne (Pomme), ou Male-Carl.
71. Desjean-Muscate.
72. Nostrate blanche.
73. Blanc d'Espagne.
74. Miche (Pomme de).
75. Gros Douveret gris.
76. Douveret doré.

U. 77. Hiéville rouge (Pomme de).
78. Long bois (Pomme de), ou Tiolet.
79. Fausse Varin.
80. Renouvelet (Pomme de).
81. Noyer (Pomme de).
82. Lièvre (Pomme de).
83. La Triomphante.
84. Le Gros doux.
85. Bonne de mai.
86. Fer (Pomme de).
87.
88.
89.
90.
91.
92.
93.
94.
95. Hibride.

SECTIONS.

POMMIERS, FRUITS À BOISSON.

V. 1. Bourg (Pomme de).
2. Gros Œil de Bellecourt.
3. Bouteille grosse.
4. ——— petite.
5. Mois d'août.
6. Blanc-mollet.
7. Presbytère (Pomme de).
8. Doux-amer.
9. Coquerel.
10. Bedanne, ou Bedant.
11. Adam (Pomme d').
12. Pont (Pomme de).
13. Longchamp (Pomme de)
14. Grosse amère.
15. Marin onfrai.
16. Tard fleuri.
17. La Duquesnay.
18. Moulin à vent.
19. Douce Morelle, ou Peau de vache.

X. 20. Saint-Basile.
21. Messire Jacques.
22. La Germaine.
23. Le Guibrai.
24. Hérisson (Pomme d'),
25. Saint-Philibert.
26. Saint-Ouen.
27. La Henriot.
28. Gros Dameret.
29. Le Fréquin.

SECTIONS.		
X.	30.	Rouge-Bruyère.
	31.	Le Barbery.
	32.	La Décazeul.
	33.	
	34.	
	35.	
	36.	
	37.	
	38.	
Y.	39.	
	40.	
	41.	
	42.	
	43.	
	44.	
	45.	
	46.	
	47.	
	48.	
	49.	
	50.	
	51.	
	52.	
	53.	
	54.	
	55.	
	56.	
	57.	

POIRIERS, FRUITS À COUTEAU.

Z.	1.	Franc.
	2.	Petit Muscat, ou Sept-en-gueule.

SECTIONS.

Z.

3. Muscat-royal.
4. Muscat-Robert, Poire à la Reine, ou Poire d'ambre.
5. Aurate.
6. Amiré Joannet, ou Poire Saint-Jean.
7. Madeleine, ou Citron des Carmes.
8. Hativeau.
9. Hativeau de la Forêt, ou Saint-Laurent.
10. Deux-têtes.
11. Bellissime Jargonelle.
12. ——— suprême, ou Poire-figue.
13. ——— d'automne, ou Vermillon.
14. Cuisse-madame.
15. Bourdon musqué, ou Gros-Muscat hâtif.
16. Blanquet (gros), ou Blanquette,
17. ——— à longue queue.
18. ——— petit, ou Poire à la perle.
19. Épargne, Beau présent, Saint-Samson, ou grosse Cuisse-madame.

AA.

20. Ognonet, Archiduc d'été, ou Amiré roux.
21. Sapin.
22. Ange (Poire d')
23. Sans peau, ou Fleur de guigne.
24. Parfum d'août.
25. Chair-à-dame, ou Poire de prince.
26. Fin-or d'été, ou Poire de Frémon.
27. ——— d'Orléans, ou de septembre.
28. Épine-rose, Poire de rose, ou Caillot-rosat.
29. ——— d'été, Fondante musquée, ou Bugiarda.
30. ——— d'hiver.
31. Salviati.
32. Orange musquée.

SECTIONS.	
A A.	33. Orange rouge.
	34. ——— tulipée, Poire aux mouches ou Musc d'été.
	35. ——— d'hiver.
	36. Robine, Royale d'été, ou Poire de la Houville.
	37. Vallée franche, ou Poire de liquet.
	38. ——— bâtarde.
A B.	39. Cassolette, Friolet, Muscat vert, ou Lèche-frion.
	40. Sanguinole, ou Betterave.
	41. La Deschamps.
	42. Œuf (Poire d'.)
	43. Rousselet hâtif, Poire de Chypre, ou Perdreau musqué.
	44. ——— gros, ou Roi d'été.
	45. ——— de Reims.
	46. ——— d'hiver.
	47. Ah mon dieu, ou Mandieu.
	48. Bergamote d'été, Milan de la beuvrière, ou Franc-réal d'été.
	49. ——— rouge.
	50. ——— silvange.
	51. ——— suisse.
	52. ——— d'automne.
	53. ——— d'Angleterre.
	54. ——— cadette, ou Poire de cadet.
	55. ——— crasanne.
	56. ——— de pâques, de soulers, de bugi, ou d'hiver.
	57. ——— de Hollande, ou Amoselle.
A C.	58. ——— Pentecôte.
	59. Inconnue chêneau, Fondante de Brest.
	60. Bon-chrétien d'été, Gracioli.

SECTIONS. AC.

61. Bon-chrétien d'été musqué.
62. ———— d'Auch.
63. ———— à bois jaspé.
64. ———— d'Espagne, ou Poire de Janvry.
65. ———— turc.
66. ———— d'hiver.
67. Ambrette d'été, Crapaudine, Grise-bonne, Rude-épée, ou Poire de forêt.
68. ———— d'hiver.
69. Amiral (Poire d').
70. Cramoisine.
71. Verte-longue, Mouille-bouche, ou Coule-soif.
72. ———— panachée, ou Culotte de Suisse.
73. Beurré d'Angleterre, ou Angleterre.
74. ——— gris.
75. ——— rouge dit *d'Anjou*, Poire d'Amboise, ou Isambert le bon.
76. ——— blanc.

AD.

77. ——— romain.
78. ——— d'hiver, ou Chaumontel.
79. Bezy de Montigny.
80. ——— de la Motte.
81. ——— d'Héry.
82. ——— de Quessois, petit Beurré d'hiver, ou Roussette d'Anjou.
83. ——— d'Échassery, ou Échassery.
84. Doyenné blanc, Saint-Michel, Poire de limon, Poire de neige, ou Poire de seigneur.
85. ———— gris.
86. Jalousie.
87. Franchipane.

SECTIONS. 88. Messire-Jean.

AD. 89. Lansac, Dauphine, ou Poire de satin.

90. Sucré-vert.

91. Solitaire, ou Mansuette.

92. Vigne (Poire de), longue queue d'Anjou, ou Poire de demoiselle.

93. Pastorale, ou Musette d'automne.

94. Rousseline.

95. Marquise, ou Mansuette d'automne.

A E. 96. Louise-bonne.

97. Belle de Bruxelles.

98. Chat brûlé, ou Pucelle de Saintonge.

99. Saint-Lézin.

100. ——— François, Bonne-amet, ou Poire de Grillan.

101. ——— Augustin, ou Poire de Pise.

102. ——— Nicolas.

103. ——— Père.

104. ——— Germain, ou Inconnue la Fare.

105. ——————— panachée.

106. Chaptal (Poire).

107. Martin-sire, ou Ronville.

108. ——— sec.

109. ——— sec de Provins.

110. Malte, Poire de prêtre, ou Caillot-rosat d'hiver.

111. Angélique de Rome.

112. ——— de Bordeaux, Saint-Martial, ou Cristalline.

113. Merveille d'hiver, ou Petit-oin.

114. Virgouleuse, ou Chambrette.

A F. 115. Royale d'hiver, ou Muscat allemand.

116. Pendard (Poire de).

117. Naples (Poire de).

SECTIONS. A F.

118. Trouvé de montagne.
119. Sarrasin.
120. Colmars, Poire-manne, ou Belle-et-bonne.
121. Passe-Colmars.
122. Impériale à feuille de chêne.
123. Champriche d'Italie.
124. Calebasse (Poire de).
125. Mauni (Poire de).
126. Marcenay (Poire de).
127. Morelle blanche.
128. Sanguine d'Italie.
129. Jaunet (Poire de).
130. Bordeaux (Poire de).
131. Payenci (Poire de).
132. Passans de Portugal.
133. Chuchamps (Poire de).

AG.

134. Rerd-bédou.
135.
136.
137.
138.
139.
140.
141.
142.
143.
144.
145.
146.
147.
148.

SECTIONS. 149.

AG. 150. Poirier de la Chine.

151. ——— à feuilles panachées.

152. ——— à feuilles de saule.

POIRIERS, FRUITS À COMPOTE.

AH. 1. Franc-réal, ou Gros-micet.

2. Catillac, ou Cadillac.

3. Double-fleur.

4. ——————— panachée.

5. Tonneau (Poire de).

6. Rateau gris, ou Poire de livre.

7. Donville, Bequesne, ou Poire de Provence.

8. Parfum divers, ou Bouvard musqué.

9. Gilogille, Poire à Gobert, ou la Garde d'Écosse.

10. Gros-romain, ou Carmélite musquée.

11. Trésor, ou Amour.

12. Tarquin.

13. Bellissime d'hiver, ou de Bur.

14. Marjolle (Poire de).

15.

16.

17.

18.

19.

POIRIERS, FRUITS À BOISSON.

AI. 1. Le Pomois.

2. Cheminel (Poire de).

3. Margot (Poire de).

4. Chaladéal (Poire de).

5. Gros-vert.

SECTIONS.

A I.

6. Dufour (Poire de).
7. Rousselet de Rideri.
8. Cochon (Poire de).
9. Gros carisi blond.
10. Poire de Franqueville.
11. Perche-cœur rouge.
12. Picard blanc.
13. —— rouge.
14. Poire de plâtre.
15. Le Bimart.
16. Le Rouget.
17. La Sauvage.
18. Grand-Dauphin.
19. Morelle blanche.

A K.

20. Azerole (Poire).
21. Poire de fer.
22. La Campucelle.
23. Poire de buisson.
24. —— de Berlin.
25. —— de chemin.
26. —— de Lyon.
27. La Sablonière.
28. Gros-ménil.
29. Poire de Courel.
30. —— de Carcan.
31. Gros moque friand.
32. Petit moque friand.
33. Poire de Robin.
34. Grosse grippe.
35. Menue grippe.
36. Poire de Martel.

SECTIONS.

AK.

37. Le Blanc bon.
38. Poire de chien.
39.
40.
41.
42.
43.
44.
45.
46.
47.
48.
49.
50.
51.
52.
53.
54.
55.
56.
57.

COIGNASSIERS.

AL.

1. Commun pyriforme.
2. ——— maliforme.
3. De Portugal.
4.
5.
6.

CORMIERS.

1. Des bois.
2.

SECTIONS.
AL. 3.
4.

ALIZIERS.

1. De Fontainebleau.
2.
3.
4.

NÉFLIERS.

1. Des bois.
2. A gros fruit.
3. Sans noyau.
4.
AM. 5.
6. Du Japon.

AZEROLIERS.

1.
2.
3.
4.
5.
6.

CHÊNES.

1.
2.
3.
4.

CHÂTAIGNIERS.

1.
2.
3.

4.

SECTIONS. 4.

AM. 5.

AN. 6.

7.

8.

9.

10.

11.

12.

HÊTRE.

1. Des bois.

NOYERS.

1. Commun, fruit rond, bois tendre.
2. ———— long.
3. ———— gros fruit rond, bois dur.
4. ———— gros fruit long, bois dur.
5. De la Saint-Jean, coque tendre.
6. ———— coque dure.
7. A fruits en grappes.
8. Noir d'Amérique.
9. Blanc.
10. Cendré.

AO. 11. Pacquanier.

12. A feuilles de frêne.
13. De jauge.

NOISETIERS.

1. Commun.
2. Aveline, fruit rond, pellicule rouge.
3. Aveline, fruit rond, pellicule blanche.
4. Aveline, fruit long, pellicule rouge.

5. Aveline, fruit long, pellicule blanche.
6. A grand calice, pellicule blanche.
7. Du Levant.
8. De Constantinople.

PINS.

1. Cultivé à noyau tendre.
2. Cultivé à noyau dur.

PÊCHERS.

ESPALIERS EXPOSITION DU LEVANT ET DU COUCHANT.

FRUITS À DUVET, DONT LA CHAIR QUITTE LE NOYAU.

1. Avant-Pêche blanche.
2. Avant-Pêche rouge, Avant-Pêche de Troyes.
3. Petite-Mignonne, Pêche de Troyes, ou Double de Troyes.
4. Avant-Pêche jaune, Alberge jaune, ou Rossanne.
5. Madeleine blanche.
6. Pourprée hâtive.
7. Grosse-Mignonne.
8. Chevreuse hâtive, ou Belle Chevreuse.
9. Madeleine rouge, ou Madeleine de Courson.
10. Malte (Pêche de).
11. Chancelière.
12. Galande, Bellegarde, ou Noire de Montreuil.
13. Cardinale de Furstemberg.
14. Vineuse de Fromentin.
15. Admirable, ou Belle de Vitry.
16. Belle Bauce.
17. Transparente ronde.
18. L'Incomparable en beauté.
19. Teindoux, ou Teint-doux.
20. Teton de Vénus.
21. Chevreuse tardive, Pourprée.
22. Bourdine, Belle de Tillemont, ou Narbonne.
23. Nivette veloutée.

24. Royale, ou Admirable tardive.
25. Pourprée tardive.
26. Persique.
27. Madeleine tardive, ou Madeleine à petite fleur.
28. Abricotée, Pêche-Abricot, ou Admirable jaune.
29. Sanguinole, Druselle, ou Pêche-Betterave.
30. Pêche de Pau, ou Pêche d'Italie.
31. Pêche des Alpes, à feuille de saule.
32. Dardnot.
33. Pêcher à fleur sémi-double.

FRUITS À DUVET, DONT LA CHAIR NE QUITTE POINT LE NOYAU.

34. Pavie-Madeleine, Pavie blanc, ou Pêche-Pomme.
35. Pavie-Alberge, Persais d'Angoumois, ou Pavie Sainte-Catherine.
36. Pavie de Pomponne, Pavie rouge, ou Pavie monstrueux.
37. Pavie jaune de Newton.

FRUIT LISSE, DONT LA CHAIR EST ADHÉRENTE AU NOYAU.

38. Brugnon violet musqué, ou Muscate d'hiver.

FRUITS LISSES, DONT LA CHAIR QUITTE LE NOYAU.

39. Pêche-Cerise.
40. Petite Violette hâtive.
41. Grosse Violette hâtive.
42. Violette tardive, Violette marbrée, ou Violette panachée.
43. Jaune lisse, ou Monfrin.

VIGNES.

FRUITS NOIRS OVALES.

1.re PLATE-BANDE.

1. Maroquin, de l'Hérault.
2.
3.
4. Carignan, de l'Hérault.
5. Merlé d'Espagne, Landes.
6.
7.
8. Pinneau de Coulanges, Yonne.
9.
10.
11.
12.
13. Boudalès, Hautes-Pyrénées.
14. Merbregie, Dordogne.
15.
16.
17.
18.
19. Moutardier, Vaucluse.
20. Malaga, Lot.
21.
22.
23. Bourdelas, Jura.
24. Uliade rouge, de l'Hérault.
25.
26.
27.

1.re PLATE-BANDE.

28.
29.
30.
31.
32.
33.
34. Servent noir, de l'Hérault.
35. Plant de Malin, Côte-d'Or.
36.
37.
38.

2.e PLATE-BANDE.

39.
40.
41.
42. Barbera noir, Pô.
43. Chaliane, Drôme.
44. Cargue-bas, Lot-et-Garonne.
45.
46. Raisin perlé, Jura.
47.
48.
49.
50.
51. Raisin rouge, Drôme.
52.
53.
54. Perlossette, Drôme.
55. Rochelle noire, Seine-et-Marne.
56. Pineau fleuri, Côte-d'Or.
57.
58.

2.e PLATE-BANDE.

59.
60.
61.
62.
63.
64.
65.
66.
67. Aspirant, de l'Hérault.
68. Bouteillant, Bouches-du-Rhône.
69. Brune, Maine-et-Loire.
70.
71.
72.
73.
74. Pineau noir, Vienne.
75. Charge-mulet, de l'Hérault.
76.

3.e PLATE-BANDE.

77.
78.
79.
80. Teinturier, Vaucluse.
81. Soûle-bouvier, de l'Hérault.
82.
83.
84.
85.
86. Rouge Espagnol, Landes.
87.
88.
89.

3.e PLATE-BANDE.

90. Navarre, Landes.
91.
92.
93. Liverdun bon vin, Vosges.
94. Bourguignon noir, Seine-et-Marne.
95. Négron de Vaucluse.
96. Muscat noir, du Jura.
97.
98.
99.
100. Pulsare, Haute-Saone.
101.
102.
103.
104.
105. Bérardi, Vaucluse.
106. Liverdun bon vin, Vosges.
107.
108.
109.
110. Asctate-Saume, Pyrénées-orientales.
111.
112.
113.
114.

FRUITS NOIRS RONDS.

4.e PLATE-BANDE.

115. Croc, Mayenne.
116. Blanc-Madame, Hautes-Pyrénées.
117. Dolceto, Pô.
118. Balzamina, Pô.
119.

4.e PLATE-BANDE. 120.
121. Trousseau, Jura.
122. Espagnins, Bouches-du-Rhône.
123.
124.
125.
126.
127.
128. Sparse grosse, Vaucluse.
129. ——— menue, *idem.*
130. Jacobin, Vienne.
131.
132.
133. Bordelais, Mayenne.
134. Camarau rouge, Hautes-Pyrénées.
135. Pique-poule noire, Landes.
136.
137. Aleatico, Pô.
138. Rive d'Alte, Lot.
139.
140.
141.
142.
143. Sanmoireau, Seine-et-Marne.
144. Mauzac noir, Lot.
145.
146.
147. Nerre, Haute-Marne.
148. ——— autre variété, *idem.*
149. Melon, Jura.
150. Teinturier, Vienne.

4.e PLATE-BANDE. 151.
152.
5.e PLATE-BANDE. 153.
154.
155.
156.
157. Terret, Hérault.
158, Tinto, Ardèche.
159.
160. Grignoli, Pô.
161. Sirodino, *idem*.
162.
163.
164.
165.
166. Rothe Hintsche, Bas-Rhin.
167. François noir, Aube.
168. Pique-poule Sorbier, Dordogne.
169.
170.
171. Brunfouréa, Bouches-du-Rhône.
172. Gruselle, Drôme.
173. Claverie rouge, Landes.
174.
175.
176. Négret, Haute-Garonne.
177. L'Houmeau, Charente.
178. Almandis, Gironde.
179. Guila noir, Dordogne.
180. Pique-poule, Lot-et-Garonne.
181. Pique-poule noir, Dordogne.

5.e PLATE-BANDE. 182. Raisin noir, Drôme.
183. Baclan, Jura.
184.
185.
186. Gamet noir, Haute-Saone.
187. Épicier grande espèce, Vienne.
188. Raisin Suisse de l'Aube.
189. Coda di volpe, Pô.
190. Balavri, *idem.*
6.e PLATE-BANDE. 191.
192. Tokai, Haute-Pyrénées.
193. Noirien, Aube.
194. Folle noire, Charente-Inférieure.
195.
196.
197.
198.
199.
200. Cortese nera, Pô.
201.
202.
203. Plant droit, Vaucluse.
204. Meunier, Bas-Rhin.
205.
206.
207.
208. Lignage, Maine-et-Loire.
209.
210.
211. Morillon noir, Bas-Rhin.
212. Gandie, Dordogne.

6.e PLATE-BANDE. 213.
214.
215.
216. Pineau noir de l'Yonne.
217. Mansein noir, Landes.
218. Biron, Lot.
219. Amarot, Landes.
220.
221.
222. Épicier petite espèce, Vienne.
223. Madeleine noire, Seine.
224.
225. Cornet, Drôme.
226. Courbu, Hautes-Pyrénées.
227.
7.e PLATE-BANDE. 228.
229.
230.
231.
232. Chailloche, Charente.
233. Teinturier, Vienne.
234.
235. Morillon noir, Jura.
236. Arrouya, Hautes-Pyrénées.
237. Picardan gros, Vaucluse.
238.
239. Plant sauvage, Vaucluse.
240. Dégoûtant, Charente.
241. Clairette de Die, de l'Hérault.
242.
243.

7.e PLATE-BANDE. 244. Pineau noir, Côte-d'Or.
255. Maclon, Isère.
246.
247.
248. Saint-Jean rouge de l'Hérault.
249.
250. Canut noir, Lot.
251.
252.
253. Pied de Perdrix noir, Hautes-Pyrénées.
254. Navarro, Dordogne.
255. Lardau, Drôme.
256.
257. Berardi, grande espèce, Vaucluse.
258. Espar, Hérault.
259. Tripied, Alpes-maritimes.
260.
261.
262. Gros-noir, Charente.
263. Morillon noir,. Doubs.
264. Lambrusquat, Hautes-Pyrénées.
265. Grosse Serine, Isère.
266. Touzan, Lot-et-Garonne.
8.e PLATE-BANDE. 267. Malvoisie rouge, Pô.
268.
269. Pique-poule noir, Vaucluse.
270. Pernan, Côte-d'Or.
271. Rochelle noire, Seine-et-Marne.
272.
273.
274. Chasselas noir, Doubs.

8.e PLATE-BANDE.

275. Marseillais, Vaucluse.
276. Pineau franc, Haute-Saone.
277.
278. Raisin rouge, Cantal.
279. Alicant, Lot.
280. Estrangé, Lot-et-Garonne.
281.
282. Merveillat, Vaucluse.
283.
284.
285. Ugne, Vaucluse.
286. Parpeuri, Pô.
287.
288.
289.
290. Alexandrie noir, Doubs.
291. Muscat noir, Pô.
292.
293.
294.
295.
296.
297.
298.
299.
300.
301.
302.
303.
304.

BLANCS, GRAINS OVALES.

9.e PLATE-BANDE. 305. Boutinoux, Drôme.
306.
307.
308. Vicane, Charente-Inférieure.
309.
310. Picardan de l'Hérault.
311. Olivette, Bouches-du-Rhône.
312. Chalosse, Lot-et-Garonne.
313. Bouboulenque, Vaucluse.
314. Jacobin, Vienne.
315. Gamau, Drôme.
316. Muscatelle, Lot.
317. Grand blanc, Haute-Garonne.
318. Amadon, Charente-Inférieure.
319. Arbonne, Aube.
320. Weiss Klefeln du Haut-Rhin.
321. Clairette de Limoux, de l'Hérault.
322. Aramond blanc, *idem.*
323.
324. Folle blanche, Charente-Inférieure.
325.
326.
327. Panse musquée, Bouches-du-Rhône.
328. Servinien de l'Yonne.
329.
330. Pied sain de la Mayenne.
331. Uliade de l'Hérault.
332. Qualitor, *idem.*
333.

9.e PLATE-BANDE. 334.

335.

336. Raisin perlé, Jura.

337. Sauvignon blanc, Hautes-Pyrénées.

338.

339.

340. Rajoulen, Lot.

341. Bourret, Drôme.

342. Claverie mâle, Landes.

10.e PLATE-BANDE. 343.

344.

345.

346. Bourgelas, Vosges.

347.

348. Plant Pascal, Bouches-du-Rhône.

349. Clairette de Vaucluse.

340. Plant de Salès, Bouches-du-Rhône.

351. Chenein, Vienne.

352.

353.

354. Plant vert de l'Yonne.

355. Pique-poule, Lot-et-Garonne.

356. Panse commune, Bouches-du-Rhône.

357.

358.

359.

360.

361.

362. Muscat d'Alexandrie, de l'Hérault.

363. Cecan, de Haute-Garonne.

364. Grosse perle, de Seine-et-Marne.

10.e PLATE-BANDE. 365. Piquant-Paul, Basses-Alpes.
366. Verdat, Vaucluse.
367. Joannen, *idem.*
368. Olivette, *idem.*
369.
370.
371.
372. Malvoisie, Pô.
373. Bon-blanc, Doubs.
374.
375.
376. Malvasie, Pyrénées-Orientales.
377.
378.
379.
380.

BLANCS, GRAINS RONDS.

11.e PLATE-BANDE. 381. Joli blanc, Charente.
382. Raisin de crapaud, Lot.
383. Nebiolo commun, Pô.
384.
385. Pique-poule, Landes.
386. Rougeasse, Lot.
387.
388. Mélier blanc, Jura.
389. Rischling, Bas-Rhin.
390.
391.
392. Lourdaut, Drôme.
393. Muscat blanc, Jura.
394.

11.e PLATE-BANDE. 395.
396.
397. Grosse variété blanche, Bas-Rhin.
398. Chasselas doré, Seine-et-Marne.
399. Chasselas, Jura.
400. Ciotat, Seine.
401.
402.
403.
404.
405. Saint-Rabier blanc, Charente.
406. Dammery blanc, Yonne.
407. Sauvignon blanc, Charente-Inférieure.
408.
409.
410. Fié jaune, Vienne.
411. Fié vert, *idem*.
412.
413.
414. Unie blanc, Bouches-du-Rhône.
415. Gouais petit, Jura.
416. Calcédé, Landes.
417.
418.
12.e PLATE-BANDE. 419. Arranjan petit, Landes.
420. Sauvignon, Jura.
421. Printannier, Hautes-Pyrénées.
422. Chasselas musqué, Seine-et-Marne.
423. Cascarolo blanc, Pô.
424. Melon blanc, Côte-d'Or.
425. Forte-queue, Deux-Sèvres.

12.e PLATE-BANDE.

426. Doucet, Lot-et-Garonne.
427. Mauzac blanc, Lot.
428. Herbasque, Alpes-Maritimes.
429. Hennant blanc, Seine-et-Marne.
430.
431.
432.
433. Clairette de Limoux, l'Hérault.
434. Gros-blanc, Moselle.
435. Burger, Bas-Rhin.
436.
437.
438. Saint-Pierre blanc, Charente.
439.
440.
441. Marmot, Marne.
442. Rivesalte, Charente.
443. Claverie, Hautes-Pyrénées.
444. Arbois, Maine-et-Loire.
445. Chopine, Aisne.
446.
447.
448. Gouais jaune, Vienne.
449. Auvernat, Maine-et-Loire.
450.
451. Prunyéral, Lot.
452. Servinien cendré de l'Yonne.
453. Pineau blanc, Côte-d'Or.
454. Gulard, Haute-Garonne.
455. Pique-poule, *idem.*
456. Ugne Lombarde, Vaucluse.

13.e PLATE-BANDE. 457.
458. Rochelle blanche, Seine-et-Marne.
459. Sainte-Jaume, Landes.
460.
461. Courtanet, Lot-et-Garonne.
462.
463.
464. Plant de Languedoc, Bouches-du-Rhône.
465.
466.
467. Muscat d'Espagne, Hérault.
468. Blanc doux, Landes.
469. Latrut, *idem.*
470.
471. Raisin grec, Vaucluse.
472. Fourmenté, Aisne.
473. Merlé blanc, Landes.
474.
475.
476. Aligoté, Côte-d'Or.
477. Kniperlé, Bas-Rhin.
478. Guilandoux, Lot-et-Garonne.
479. Sauvignon du Jura.
480. Mansein blanc des Landes.
481. Semillon, Lot-et-Garonne.
482.
483. Guillemot blanc des Landes.
484.
485.
486.
487.

13.e PLATE-BANDE. 488.

489. Raisin blanc, Pô.

490. Valentin blanc, Alpes-maritimes.

491.

492. Plant de Demoiselle, Bouches-du-Rhône.

493.

494. Raisin vert, Bas-Rhin.

14.e PLATE-BANDE. 495. Bourguignon blanc, Haute-Marne.

496. Camarau blanc, Hautes-Pyrénées.

497.

498.

499.

500.

501.

502. Clairette menue blanche, de Vaucluse.

503.

504.

505.

506.

507.

508.

509.

510.

511.

512.

513.

RAISINS GRIS OU VIOLETS; GRAINS OVALES.

514. Pique-poule gris, de l'Hérault.

515. Feldlinger, Bas-Rhin.

516.

14.e PLATE-BANDE. 517.

518. Gentil brun, Bas-Rhin.

519. Blanquette violette, Pyrénées-orientales.

520.

521.

522.

523. Damas violet, de l'Hérault.

524.

525.

526.

527.

528.

529.

530.

531.

532.

GRAINS RONDS.

15.e PLATE-BANDE. 533. Müller reben, Moselle.

534. Muscat rouge, Loir-et-Cher.

535. Marvoisin, Loire.

536. Feldlinger, Bas-Rhin.

537. Braquet gris, Alpes-Maritimes.

538.

539.

540. Gromier violet, Cantal.

541. Muscat rouge, Seine-et-Marne.

542. Chasselas violet, Pô.

543.

544.

545. Grec rouge, Drôme.

546. Pineau gris, Côte-d'or.

15.e PLATE-BANDE. 547.
548.
549.
550.
551.
552.
553.
554.
555.
556.
557.
558.
559.
560.
561.
562.
563.
564.
565.
566.
567.
568.
569.
570.

www.ingramcontent.com/pod-product-compliance
Ingram Content Group UK Ltd.
Pitfield, Milton Keynes, MK11 3LW, UK
UKHW031808170726
13836UKWH00003B/1273